JOSEPH MANGOT

TRAVERSÉE
DE LA MANCHE

DE CHERBOURG A LONDRES

PRÉCÉDÉE PAR

LA PRÉFACE D'UN FRÈRE

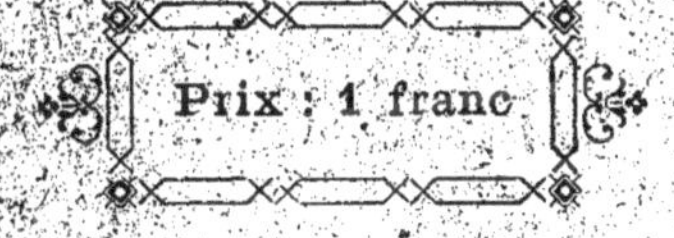

PARIS
IMPRIMERIE DU "SPECTATEUR MILITAIRE"
22, RUE DE L'ABBAYE, 22

1888

JOSEPH MANGOT

TRAVERSÉE
DE LA MANCHE

DE CHERBOURG A LONDRES

PRÉCÉDÉE PAR

LA PRÉFACE D'UN FRÈRE

DEUXIÈME ÉDITION

PARIS
IMPRIMERIE DU " SPECTATEUR MILITAIRE "
22, RUE DE L'ABBAYE, 22

1888

LA PRÉFACE D'UN FRÈRE

Nous croyons répondre au désir universel des amis de la navigation aérienne, art si justement populaire en France, en publiant de nouveau une brochure due à mon frère Joseph Mangot, un des deux aéronautes de l'*Arago*, et résumant les détails de la traversée de la Manche, de Cherbourg à Londres, effectuée dans la nuit du 29 au 30 juillet 1886. Ce petit travail montre d'une façon évidente que mon frère et son compagnon d'armes aériennes, M. Lhoste, n'avaient réussi à franchir le détroit que, par un effort très raisonné, et à l'aide de préparatifs longuement médités dans le but de mettre tous *les atouts dans leur jeu*. Ils étaient tellement persuadés de la nécessité d'agir avec prudence, que mon frère s'écrie : « La mort de l'aéronaute Gouver, montant un ballon parti de Cherbourg, montre combien sont périlleuses les ascensions maritimes entreprises dans des conditions mauvaises ».

Pourquoi, dans l'ascension du 13 novembre, MM. F. Lhoste et J. Mangot ont-ils négligé les conditions de succès qu'ils avaient déclarées si complètement nécessaires? Pourquoi ont-ils omis, comme ils l'avaient fait à Cherbourg, de consulter le service sémaphorique de la marine sur les probabilités du vent S.-E. auquel ils ont confié leur fortune et leur existence? Pourquoi ont-ils improvisé leur départ au lieu d'attendre, comme ils l'avaient fait à Cherbourg, pendant 15 journées consécutives?

Personne plus que moi ne déplorera l'entraînement auquel les deux aéronautes de l'*Arago* ont obéi dans cette journée funeste qui coûtera peut-être la vie à deux nobles cœurs épris éperdûment, disons-le, de la grandeur de la France. Mais si l'on a peut-être le devoir de dire qu'ils se sont montrés téméraires, leur témérité n'a rien qui ressemble à celle de l'ignorance ni dont on ait le droit de faire usage pour noircir insidieusement leur mémoire. Habitués à des périls communs, à des communs triomphes, s'étant éprouvés l'un et l'autre en envisageant avec une insouciance toute française les gouffres océaniques tout prêts à les engloutir, étant parvenus à faire flotter notre glorieux drapeau tricolore au milieu des brouillards de la Tamise, ayant arraché à l'admiration des Anglais que menaçait jusqu'au nom de leur ballon qu'ils avaient appelé le *Torpilleur*, ayant échappé l'un et l'autre à des naufrages dont la perspective aurait fait reculer les plus braves, n'avaient-ils pas acheté, hélas! le droit d'oublier qu'ils devaient mettre plus de mesure dans leur intrépidité. Que n'ont-ils prévu que leur insuccès serait exploité par des plumes qui ne méritent pas d'être françaises. Peut-être que la perspective d'être déchirés après leur mort par ces lugubres critiques aurait arrêté ces rivaux infortunés d'Icare, qui n'ont pas craint de donner leur cadavre en pâture aux monstres de l'abîme? Mais le destin ne devait pas permettre qu'il en fut ainsi et un voile funèbre, que je ne chercherai pas à soulever, couvre encore le dénouement du sombre drame commencé le 13 novembre, à 8 heures du matin, à l'usine à gaz de la Villette.

Cette expérience aurait eu lieu dans une ascension publique en un jour de fête, devant la foule convoquée par affiches qu'elle n'en serait pas moins digne d'attirer l'attention des hommes de science; mais le respect et la vérité historique et non en vaine gloriole, nous oblige à dire que cette expédition aérienne a été organisée aux frais des expérimentateurs, qu'ils n'avaient d'autre but que d'étudier la manœuvre d'engins nouveaux dont ils étaient les inventeurs, que le seul salaire qu'ils espéraient était la juste réputation qui s'attache aux auteurs d'un progrès utile et que si, par-dessus le marché, le destin leur a réservé la mort, ce n'est pas une raison pour les priver de ce qu'ils ont gagné d'une façon si légitime ; car leurs agrès sont excellents avec quelques légers perfectionnements que je crois pouvoir y introduire en suivant les principes de mon frère et de son compagnon, ils empêcheront, j'en ai le ferme espoir, leurs noms d'être oubliés dans les annales de la navigation aérienne. Qui sait si, en m'inspirant du souvenir des deux disparus, je ne permettrai pas à leurs ballonnets d'arracher plus d'un vaillant français égaré dans les nuages au trépas auquel, hélas! ils n'ont pu, ne pas échapper malgré leur vaillance. Voilà l'idée consolatrice qui adoucit dans ce moment mes regrets et qui, je l'espère, rendra moins amères les larmes de ma pauvre mère.

Il y a des physiciens qui s'imaginent qu'on ne peut servir le progrès de la navigation aérienne qu'en travaillant dans des hangars bien clos, que par la combinaison de quelqu'ingénieux mécanisme, par l'exécution d'ascensions faites à petite distance et par un air rigoureusement immobile. Cette conception ne pourrait être soutenable que si l'homme avait en main des moyens mécaniques suffisants pour lutter avec la tempête, mais de l'aveu même d'Henri Giffart, de l'illustre ingénieur dont le génie a ouvert les voies les plus fécondes à l'application de la vapeur aux ballons dirigeables, l'homme ne saura lutter corps à corps avec les vents violents que lorsque sans le secours de Charles et de Mongolfier il s'aura s'élever dans les airs sans autre appui que le plus lourd que l'air.

Jusqu'à cette époque dont rien jusqu'ici ne permet de

deviner le millésime, même avec les ballons dirigeables, amenés au maximum de perfection par les Tissandier, les Dupuy de Lome et les Renard, les voyageurs aériens n'auront d'autres ressources que de choisir les courants favorables. La déviation qu'ils pourront donner à leur globe leur assurera à cet égard une latitude un peu plus grande, suivant qu'elle sera plus ou moins étendue, mais elle n'abolira pas cette servitude ; la connaissance de symptômes du temps, l'appréciation de la stabilité des courants aériens, la prévision des temps futurs, tels seront les bases fondamentales de la direction des ballons. Quiconque refusera de s'exposer à des incertitudes mortelles, atroces, ou blâmera ceux qui s'y exposent, sera un ennemi d'un art qui a permis de sauver l'honneur de la France et par conséquent un ennemi de la France elle-même. Ce serait donc s'élever contre le principe même de la navigation aérienne que d'interdire aux aéronautes de se hasarder sur les océans qui couvrent les 6/10e de la surface de la terre.

Nous ajouterons que c'est par un malheureux hasard que cette excursion s'est terminée sur les mers, en effet, huit jours auparavant Lhoste et Mangot exécutaient avec le même ballon une ascension à la Villette ; ils étaient partis cette fois à neuf heures du soir, par un vent soufflant avec impétuosité de l'ouest afin d'aller montrer le drapeau tricolore à nos amis de Russie, après avoir dédaigné de descendre sur le sol maudit de l'empereur d'Allemagne. Ils ont échoué ; si leur tentative n'a pu contribuer à resserrer les liens de deux nations faites pour se comprendre, c'est qu'une pluie glacée tombant sans interruption pendant toute la durée du voyage, les a obligés à prendre terre à Bar-le-Duc, un peu avant le lever du soleil et qu'à l'instant où ils cherchaient à se lancer de nouveau dans l'espace une tempête les a contraint à renoncer à cette nouvelle expérience. Au moment où d'une main émue un frère trace ces lignes, il est heureux de voir que tout le monde attend, que les amis de Lhoste et de Mangot persistent à espérer contre toute espérance, qu'ils ne veulent pas croire au sort lugubre de deux jeunes gens animés d'une ardeur si rare à une époque d'aplatissement universel, brûlant l'un et l'autre de se distinguer dans d'héroïques entreprises; ah! comme on l'a dit quelque part, si les vagues stupides de l'Océan les ont engloutis, ce que nous ne pouvons savoir, elles auront privé non-seulement leurs familles et leurs amis, mais encore la France elle-même de deux cœurs dignes de l'aimer, qui battaient pour sa gloire.

On me remet en ce moment le numéro du *Figaro* du 7 décembre, dans lequel un habile écrivain célèbre, sous le titre de l'*Aérostation de guerre,* la supériorité de la France. Les patriotiques paroles si bien exprimées, nous ont fait oublier pendant un instant nos anxiétés, nos douleurs !

Nous sommes persuadés comme l'auteur qu'on ne trouverait point ailleurs des ingénieurs distingués aptes à lutter avec les nôtres. N'est-il pas permis de constater avec quelque fierté qu'on ne rencontrerait pas non plus, en dehors de notre chère patrie, deux intrépides s'en allant gaiement, sur la foi d'un vent non contrôlé, expérimenter un système nouveau en planant au-dessus des vagues courroucées de tant d'audace!

Aussi, nous dirons aux jeunes : « Enfants, faites l'aumône d'une larme à notre douleur, plaignez les aéronautes de l'*Arago*, et soyez plus heureux, mais surtout imitez leur vaillance ! ! »

Louis Mangot,
aéronaute,
Directeur de l'usine à gaz de Montdidier (Somme).

JOSEPH MANGOT

NÉ A MONTDIDIER LE 17 JANVIER 1867

Disparu dans la nuit du 13 au 14 novembre 1887.

LA TRAVERSÉE DE LA MANCHE

EN

BALLON

EXÉCUTÉE DANS LA NUIT DU 29 AU 30 AOUT 1886

Par sa situation exceptionnelle, Cherbourg est assurément le véritable port d'air des aéronautes désireux de passer sûrement en Angleterre.

Mais quel climat variable ! Que d'impatiences à réprimer pour mener à bonne fin les préparatifs d'un voyage dans lequel tout est péril, si l'on n'a soin de mettre les meilleurs atouts dans son jeu !

A Cherbourg, il est rare que les vents et surtout les vents favorables de S.-O., soufflent plus d'un jour dans la même direction.

Profitez-en, et partez aussitôt le vent bien établi, car, s'impatienter ou perdre du temps, c'est vouloir tomber à la mer ou tout au moins s'exposer à manquer le but du voyage. La mort de l'américain Gower dans un ballon parti de Cherbourg, le 18 juillet de l'année précédente, par un vent O.-S.-O., montre combien sont périlleuses les ascensions maritimes entreprises dans de mauvaises conditions.

Après quinze jours d'attente, le service sémaphorique de la marine nous signale enfin la probabilité d'un vent de

S.-O. d'une stabilité satisfaisante. Aussitôt nous hâtons les préparatifs du gonflement, et, grâce à l'obligeance de la marine de Cherbourg, le ballon se trouve gréé et prêt à prendre la mer à onze du soir.

A onze heures trente, nous donnons le signal du départ et l'aérostat s'élève lentement, salué par les acclamations d'une foule immense.

L'aspect de Cherbourg est féerique : le jardin de l'exposition que nous venons de quitter, éclairé vivement à la lumière électrique et parsemé de flammes multicolores, allumées en notre honneur, offre un contraste frappant avec les autres parties de la ville.

A droite et à gauche, des sinuosités lumineuses nous indiquent les principales rues ; à l'horizon occidental, les dernières lueurs crépusculaires éclairent encore faiblement les campagnes normandes ; devant nous la mer immense et noire s'étend à perte de vue et occupe tout l'horizon du nord.

Poussés par une faible brise, nous franchissons bientôt les derniers édifices de Cherbourg et nous prenons la mer non loin du Casino brillamment éclairé : « Où allez-vous ? » nous crie-t-on. — « A Londres ! » Des hurrahs enthousiastes nous répondent, mais le ballon s'éloigne avec rapidité, et la voix puissante de la mer ne tarde pas à étouffer les derniers bruits terrestres.

Après avoir dépassé le fort oriental de la digue et les hauteurs de l'île Pelée, l'aérostat atteint insensiblement l'altitude de quatre cents mètres. Nous sommes en pleine mer ! Aussitôt, nous nous apercevons des efforts que tente la marine pour suivre notre ballon avec un projecteur de lumière électrique, système Mangin. Malgré l'habileté des officiers chargés de cette importante expérience, nous constatons avec plaisir que le rayon qui balaie l'atmosphère ne peut nous atteindre. Cet insuccès d'hommes habitués à rechercher les torpilleurs marins, prouve l'immense avantage que les ballons auraient pour s'approcher d'un point déterminé dans l'éventualité d'une guerre maritime.

Cependant, l'humidité de la nuit tend à rapprocher des flots notre navire aérien. Désireux de conserver le plus longtemps possible la même altitude, M. Lhoste jette de temps à autre une légère quantité de sable, ce qui nous permet de rester à quatre cents mètres jusqu'à trois heures et demie du matin.

Pendant cette première partie du voyage, il y a peu de manœuvres à faire, car la température est égale et ne porte pas préjudice à l'équilibre de l'aréostat. Nous en profitons pour observer le ciel dont la pureté est remarquable. (Chose étrange! la voie lactée donne une clarté suffisante pour pouvoir lire le baromètre). Sans vouloir insister sur les observations astronomiques faites pendant le voyage, je dirai que l'une des plus curieuses est assurément celle d'un radiant d'étoiles filantes partant de la constellation du Cygne en même temps que deux bolides très intenses, qui ont laissé une traînée lumineuse dans le ciel (1).

A trois heures et demie, les premières lueurs du jour commencent à éclairer l'horizon, mais la terre est encore invisible. Au sud, brille le phare puissant de Barfleur tandis que, devant nous, se détachent les feux de l'île de Wight et le phare isolé d'Owers.

Sachant bien que l'apparition du soleil nous donnera un surcroît dangereux de force ascensionnelle, nous manœuvrons aussitôt pour lutter contre l'influence de l'astre qui va surgir. Dans le but de nous rapprocher de la surface de la mer, l'hélice est mise en mouvement. Malgré son fonctionnement incommode, l'aérostat redescend à 50 mètres des flots sans avoir perdu la moindre quantité de gaz.

(1) Voir à la page 23.

C'est le moment d'immerger le flotteur qui doit, en maintenant le ballon captif, nous permettre de reprendre de l'eau en guise de lest supplémentaire. Cette opération, la plus importante de toutes, réussit dans la perfection. Nous embarquons plus de 80 kilos de ce lest, qui seul, nous permettrait de naviguer durant la journée entière !

Voyant que la résistance offerte par le flotteur fait perdre à notre ballon-navire une partie notable de sa vitesse, nous attachons la voile sur ses ralingues afin d'activer la marche et d'obtenir une déviation latérale. Tout fonctionne convenablement, mais nous ne tardons pas à nous apercevoir que la chaleur du jour naissant produit une dilatation tellement appréciable que le flotteur malgré son poids de 68 kilos, offre une tendance à sortir de l'eau et bondit comme un marsouin sur la vague, en imprimant de violentes secousses au guide-robe qui le retient. Tout-à-coup les lourdes brumes accumulées à l'horizon se dissipent sous la forme de légers nimbus et la terre apparaît. A l'ouest, se profile l'île de Wight ; devant nous, le promontoire élevé de Selsea-Bill ; dans le lointain, les cîmes jaunâtres des South-Downs hills.

La planète Vénus, extrêmement brillante, marque l'Est-Nord-Est ; nous sommes désormais sûrs de notre route. Il faut maintenant exécuter rapidement la dernière partie de notre plan ; remonter à bord le flotteur, sous peine de le voir mis en pièces sur les rochers. A l'aide d'une corde de retournement, nous vidons l'appareil, ce qui produit un allégement de 50 kilos. Aussitôt, l'aérostat, rendu à la liberté, bondit à l'altitude de mille mètres et nous entrons en Angleterre entre les stations de Bognor et de Littlehampton. Il est 4 heures 30 du matin.

Je ne puis passer sous silence un fait des plus curieux et dont le souvenir est ineffaçable pour tout aréronaute ayant voyagé au dessus d'une mer d'une profondeur moyenne ; la limpidité de l'eau, non loin des côtes, est tellement surprenante, que non-seulement il est possible de voir distinctement le fond, mais encore d'en distinguer la composition. (Entre Bognor et Littlehampton, le fond de la mer était composé de sable, de coquilles brisées reconnaissables à leur couleur blanche, et de rochers peu nombreux recouverts par de longues herbes flottantes, l'eau semblait avoir complètement disparu, la présence des vagues n'était indiquée que par de longues ondulations blanchâtres).

Le soleil se montre enfin surmonté d'un énorme nuage ; néanmoins le froid est intense, car nous naviguons à une altitude de 1.250 mètres et de nombreux nimbo cumulus surchargés d'humidité, nous font cortège ; le thermomètre consulté marque 3° au-dessus de zéro. Je dirai peu de chose de la campagne anglaise ; c'est exactement notre Normandie. mais peu de villes importantes sur le parcours. Nous traversons les South-Downs hills, la ligne de Portsmouth à Londres et la ville considérable de Croydon encore endormie. Comme notre intention est de nous rendre à Londres en cherchant les courants favorables, nous regardons avec attention dans la direction N. N.-E., afin de deviner soit le palais de Westminster, soit le dôme de Saint-Paul qui s'élève à 110 mètres au-dessus du sol.

Nous ne tardons pas à reconaître les silhouettes de ces deux gigantesques monuments. Nous avançons avec une grande rapidité et le spectacle devient merveilleux. Devant nous, dans le lointain, se dessine le cours immense de la Tamise depuis sa vaste embouchure jusqu'au delà du château de Windsor ; les parcs de Richmond et de Kew se développent sur nos pieds. A cinq heures et demie, nous dominons le palais de Cristal et la grande Métropole, hérissée de monuments, nous apparaît dans toute sa splendeur.

Le courant qui nous emporte, menaçant de nous ramener

vers les sources de la Tamise, nous nous décidons à ouvrir la soupape, afin de chercher un courant plus favorable. A ce moment, un incident fort désagréable se produit ; la soupape, peut-être dilatée par l'humidité, ne se referme plus : chûte vertigineuse ! la terre approche avec une effrayante rapidité. Pour modérer la descente, nous allons jeter le lest qui reste à bord et sacrifier, s'il le faut tous nos appareils.

Heureusement nous parvenons, après bien des efforts, à refermer la soupape ; tout danger ayant disparu, nous restons dans un courant inférieur qui nous ramène du côté de London Bridge. C'est entre ce pont et la célèbre tour de Londres que nous traversons le grand fleuve. Le but est désormais atteint et après avoir lancé des torpilles artificielles sur les docks et les arsenaux de Londres, nous nous mettons à la recherche d'un point d'atterrissage.

A 350 mètres d'altitude, nous nous laissons entraîner par un vent S. S-O., qui nous fait traverser la Cité près de Saint-Paul, les Artillery Grounds, le parc Victoria et tout le nord de la ville.

Une belle prairie entourée d'eau se présente à nos yeux, c'est là qu'il faut atterrir. Nous contemplons une dernière fois l'immense Cité couronnée de brouillards et de fumées éternelles, puis nous opérons notre descente définitive. Le cône-ancre, lancé avec adresse par M. Lhoste dans une petite rivière, arrête le ballon malgré le vent qui souffle avec une extrême violence. A six heures quinze, nous descendons de la nacelle et nous apprenons que nous sommes à Tottenham Station, village situé au Nord-Est du district métropolitain.

Je me hâte d'ajouter que notre réception en Angleterre a été des plus cordiales ; c'est avec une émotion bien compréhensible, du reste, que les nombreux représentants de la colonie française de Londres ont vu le drapeau de la patrie flotter au-dessus de leurs têtes, arrivant des régions de l'Aurore.

JOSEPH MANGOT.
Aéronaute du *Torpilleur* et de l'*Arago*.

Une si remarquable ascension devait exciter l'admiration de tous les appréciateurs du vrai courage. M. Gaston Tissandier insérait dans son journal la *Nature* la communication envoyée à l'Académie des sciences par les deux auteurs. L'illustre aéronaute du *Zénith* faisait précéder la reproduction intégrale de cette pièce par les lignes suivantes qui sont pour la mémoire des deux amis le plus précieux de tous les éloges :

Un jeune et déjà célèbre aéronaute, M. F. Lhoste, a exécuté précédemment à deux reprises différentes le passage de Boulogne en Angleterre par la voie de l'air. Ces intéressantes expéditions n'avaient pu réussir qu'en employant alternativement des courants superposés.

Ces circonstances ont donné à M. Lhoste l'idée de franchir la Manche, en partant de Cherbourg par un vent sud-sud-ouest bien établi, et fréquent dans ces parages. M. Lhoste a arrimé dans des conditions toutes spéciales son ballon *le Torpilleur*, de 1,000 mètres cubes ; M. J. Mangot, son compagnon de voyage et lui, ont réussi dès leur première ascension à mettre à exécution le projet hardi qu'ils avaient annoncé à l'avance. Parmi les moyens dont ces explorateurs disposent pour voyager en ballon au-dessus de la mer, nous considérons comme très important l'emploi du flotteur qui transforme l'aérostat en un ballon captif et l'usage du cône-ancre permettant de recueillir l'eau de l'Océan puisée à l'aide d'un seau, alors que le soleil, au lever du jour, tend à élever le ballon dans les hautes régions et à lui faire perdre par la dilatation une partie du gaz qu'il contient. Avec ces divers moyens de s'ancrer à la mer et de prendre du lest, il n'est pas impossible d'entreprendre de longues traversées aéronautiques au-dessus de l'Océan.

MM. Lhoste et Mangot ont bien voulu nous donner le récit complet de leur beau voyage ; nous leurs cédons la parole, non sans leur adresser les félicitations qu'ils méritent.

« Le 29 juillet, le vent étant favorable, le gonflement

de notre aérostat *le Torpilleur* fut commencé à Cherbourg à 6 heures du soir et terminé à 11 heures.

« La disposition des agrès a duré une demi-heure; ils comprenaient, comme l'un de nous l'a expliqué dans la séance du Congrès des Sociétés savantes, du 29 avril 1886, que présidait M. Faye :

« 1° Une hélice placée au-dessous de la nacelle et mise en rotation par les aéronautes;

« 2° Une voile triangulaire qui partait de l'équateur et allait jusqu'au bout d'une vergue de $4^m,50$ de longueur, amarrée horizontalement sur notre cercle;

« 3° Un guide-rope de 80 mètres;

« 4° Un flotteur frein cylindro-conique ayant $1^m,65$ de hauteur et $0^m,22$ de diamètre;

« 5° Un réservoir conique d'une capacité de 400 litres, et susceptible de servir de cône-ancre;

« 6° Deux seaux montés sur une corde sans fin de 160 mètres de long;

« 7° Une garniture de liège qui environne la nacelle pour la rendre insubmersible;

« 8° Dix sacs contenant chacun 20 kilogrammes de sable;

« 9° Les instruments indispensables.

« A 11 heures et demie, nous donnons le signal du départ, et nous nous élevons très lentement jusqu'à l'altitude de 400 mètres, que nous sommes parvenus à conserver jusqu'à deux heures et demie du matin.

« A peine avions-nous quitté la rade, que nous nous sommes aperçus des efforts que faisait la marine pour suivre notre ballon avec un projecteur de lumière électrique, système Mangin; malgré l'habileté des officiers chargés de cette importante expérience, nous avons constaté, avec plaisir, que le rayon qui balayait l'atmosphère ne nous avait jamais rencontrés.

« Cet insuccès d'hommes habitués à rechercher les torpilleurs marins, prouve l'avantage que les ballons auraient pour s'approcher d'un point déterminé.

« La dépense de lest, pendant les quatre premières heures de notre voyage, a été de 60 kilogrammes, notre route restant parfaitement régulière.

« Pendant cette partie du voyage, le ciel était d'une pureté remarquable autour du ballon; l'horizon était, au contraire, occupés par de gros nuages noirs.

« L'éclat des étoiles était très remarquable ainsi que leur oscillation. La voie lactée donnait une clarté suffisante pour pouvoir lire le baromètre. Nous étions à la fin de la période du 26 au 29 juillet signalée par l'*Annuaire du bureau des longitudes*, comme correspondant à la présence d'un riche courant de météores, avec des centres d'émanation répandus sur toutes les parties de la sphère céleste. Nous avons vu, en effet, plusieurs étoiles filantes, assez brillantes, se détacher de plusieurs points du firmament. Ces météores sporadiques étaient de couleur blanche. Leur éclat moyen était celui d'étoiles de deuxième grandeur; nous en avons aperçu sept.

« Le dernier, vers deux heures du matin, était le plus brillant de tous. Il a laissé une traînée lumineuse de laquelle ont semblé se détacher plusieurs points brillants, comme le feraient les divers fragments d'une sphère unique, tombant à la surface du globe. La durée de l'apparition a été d'au moins quatre secondes; la chute a dû avoir lieu au-dessus de la mer, de sorte qu'il y a peu de chance qu'on ait recueilli des fragments du bolide; mais la lumière a pu être aperçue par quelques navigateurs.

« Outre ces apparitions, nous avons constaté la présence d'un radiant correspondant à l'étoile Bêta du Cygne, laquelle était située sur la limite de la zone que couvrait notre aérostat. Un grand nombre d'étoiles partaient de ce centre d'émanation, d'une façon irrégulière; le phénomène a duré un quart d'heure. Ces étoiles étaient difficilement visibles, de sorte qu'il est à peu près impossible de se rendre un compte exact de leur nombre : quelques-unes s'élançaient en même temps, et nous avons pu en voir sept ou huit simultanément.

« Dans le but de nous rapprocher de la surface de la mer, l'hélice fut mise en mouvement. Malgré son fonctionnement incommode, l'aérostat put être ramené à 50 mètres des flots, sans avoir perdu la moindre quantité de gaz.

« Aussitôt le flotteur fut descendu à la mer; dès qu'il se trouva rempli d'eau, par les orifices dont il est muni, la tension qu'il exerçait sur son câble rendait la manœuvre plus facile; aussi en avons-nous profité pour gréer la voile.

« C'est alors que nous nous sommes aperçus, à notre grande satisfaction, que nous filions sur l'île de Wight, avec une vitesse de dix nœuds à l'heure.

« Nous n'avons aperçu la planète Vénus que plus d'une heure après son lever; l'aurore était très intense, mais la clarté du jour naissant ne portait pas préjudice à l'effet produit par la planète. Son aspect était véritablement admirable. Son éclat était semblable à celui d'un phare électrique vu à quelques milles de distance, et dépassait de beaucoup celui de l'île de Wight.

« Sachant bien que l'apparition du soleil nous donnerait un surcroît dangereux de force ascensionnelle, nous avons manœuvré, dès trois heures et demie du matin, pour lutter contre l'influence de l'astre.

« La résistance du flotteur nous avait fait perdre une portion notable de notre vitesse, c'est afin de la récupérer et d'obtenir une déviation latérale que nous avons bordé notre voile. Elle s'est immédiatement gonflée, ce qui prouve qu'elle agissait malgré ses dimensions, faibles relativement à la section droite du ballon.

« Il nous est impossible de dire quelle a été la valeur numérique de l'accélération et du changement de direction, mais nous sommes certains qu'on pourrait obtenir des effets notables en augmentant la longueur du bout dehors. Toutefois, si l'on prenait ce parti, il faudrait combiner des agrès spéciaux.

« Nous n'avons pas tardé à nous apercevoir que la chaleur du jour naissant produisait une dilatation tellement appréciable, que notre flotteur, malgré son poids de 60 kilogrammes, bondissait sur la vague.

« C'était donc le moment de mettre à exécution la dernière partie de notre plan et de monter à bord de l'eau de mer en guise de lest supplémentaire. Cette manœuvre permet de faire descendre l'aérostat à volonté et de le rapprocher même à quelques mètres de la surface de la mer.

« A l'approche des côtes, notre flotteur fut remonté, après l'avoir préalablement vidé à l'aide de la corde de retournement.

« Grâce à cet allègement, nous nous sommes élevés à la hauteur de 1000 mètres, et nous entrions en Angleterre à l'ouest de la ville de Bognor, à 5 h. 40 m. du matin.

« La limpidité et la transparence de l'eau, non loin des côtes, étaient surprenantes.

« On voyait très distinctement le fond qui était formé de rochers parsemés sur un sol de sable recouvert en partie par de longues herbes.

« L'effet de notre voile avait été suffisant pour nous faire dévier du chemin suivi pendant la première partie du voyage ; mais, rendu de nouveau à la liberté, l'aérostat reprit sa route primitive en remontant légèrement vers le nord.

« Le soleil s'étant enfin montré, nous sommes montés jusqu'à l'altitude de 1300 mètres.

« Comme nous avions l'intention de nous rendre à Londres, nous regardions avec attention dans la direction nord-nord-est pour voir si nous n'apercevions pas, soit le palais de Westminster, soit le dôme de Saint-Paul, qui s'élève à 110 mètres au-dessus du sol.

« Nous n'avons pas tardé à reconnaître les silhouettes de ces deux gigantesques monuments. Il était environ 5 heures du matin.

« Bientôt après, nous avons aperçu se dessiner dans le lointain le cours immense de la Tamise, depuis son embouchure jusqu'au delà du château de Windsor.

« Nous tenant dans une bonne voie, nous conservâmes notre horizontale jusqu'au Palais de cristal, que nous avons laissé sur notre droite.

« Craignant de manquer Londres et de remonter vers les sources de la Tamise, nous avons ouvert la soupape, afin de nous faire ramener du côté de London-Bridge, par un courant inférieur.

« Cette manœuvre réussit pleinement, le grand fleuve fut traversé à 250 mètres d'altitude, dans les environs de la Tour. Etant remontés à environ 350 mètres, nous nous sommes laissés entraîner, par un vent sud-sud-ouest qui nous fit traverser la Cité, près de Saint-Paul, les *Artillery-Grounds*, le parc Victoria, et tout le nord de la ville.

« Voyant que nous sortions de Londres, nous nous sommes mis à redescendre, et malgré la violence du vent, il nous fut possible de nous arrêter sans accident, dans une belle prairie située sur le bord de la rivière Lée ; nous étions à *Totenham-Station*, charmant village au nord-est du district métropolitain. »

François Lhoste et Joseph Mangot.

Suivant le désir qu'en a exprimé M. Faye, M. Joseph Mangot a adressé une carte complète des observations astronomiques. Elle a été remise à l'Académie dans la séance du 16 août et soumise à l'appréciation de M. Lœvy, membre de la Savante Compagnie et astronome à l'Observatoire de Paris.

Le *Spectateur militaire* a publié, dans son numéro du 1er septembre, 1866, un article étendu dû à la plume exercée de M. W. de Fonvielle, un des vétérans de l'aéronautique française. Nous ne pouvons mieux terminer notre travail que d'en extraire les passages suivants :

Tout en rendant justice aux efforts des ingénieurs qui ont continué les travaux de M. Henry Giffard, qui ont profité de l'exemple de M. Gaston Tissandier, nous n'avons jamais cessé de proclamer, que les ballons dirigeables ne pourraient jamais marcher contre un vent violent. Nous ne reviendrons pas sur les raisonnements que nous avons faits à différentes reprises, mais nous profiterons du succès de la nouvelle tentative de traversée de France en Angleterre, exécutée avec tant de succès par M. Lhoste, pour montrer combien on aurait tort de supposer que la navigation aérienne est uniquement une affaire de perfectionnement des mécanismes. Heureusement, les ballons, dirigeables ou non, resteront analogues au sabre de Saladin, dont on ne pouvait faire usage sans avoir, à sa disposition, le bras nerveux, agile et exercé du sultan de Syrie. Leur manœuvre exigera toujours des qualités que la nature a refusées à la race allemande, et qui sont très communes, au contraire, dans notre belle France. Elle conviendra surtout à la nation qui avait fait de la baïonnette son arme favorite, et elle sera toujours destinée à mettre en évidence le courage, la résolution, l'héroïsme de ceux qui porteront toujours leur *furie* dans l'atmosphère. . . . .

Henry Giffard attachait une extrême importance à la traversée de la Manche, parce qu'il était persuadé que ses ballons à vapeur, malgré la perfection qu'il espérait leur donner, ne rendraient de véritables service que si l'aéronaute était assez habile pour se placer dans une situation favorable, pour profiter des forces naturelles. Au premier rang de ces auxiliaires de la navigation aérienne, il faut compter les courants réguliers, tels que celui de sud-ouest dans l'Europe occidentale. Il était bien aise de savoir ce qu'un ballon rond, abandonné à lui-même, pourrait faire, afin d'en déduire par le résonnement, ce que l'on pourrait espérer d'un ballon allongé; pourvu d'un système de direction construit d'après son système. Il avait même, à propos de l'expérience de Cherbourg, des idées fort intéressantes, qu'il n'est pas inutile de faire connaître, et auxquelles il n'a point donné suite, parce que l'aréonaute en question s'est contenté d'encaisser la somme que M. Henry Giffard avait mise à sa disposition pour commencer ses expériences.

L'inventeur de l'injecteur pensait que, pour réussir à coup sûr, il fallait employer des précautions qu'il serait extrêmement sage de ne pas négliger si l'on voulait répéter les expériences assez souvent pour fermer la bouche, par la répétition des épreuves, aux mathématiciens prétendant que le voyage du 29 juillet n'a réussi que par un effet du hasard.

Il conseillait de se poster dans un endroit comme l'est, paraît-il, l'arsenal, où l'on serait abrité pendant tout le gonflement contre le vent dont on n'a besoin que lorsque l'on est prêt à partir. Il ajoutait qu'il fallait avoir une prise de gaz permettant d'exécuter cette opération en moins d'une heure. Enfin, il ne voulait pas que le *lâchez tout* fut prononcé avant que l'on se fut assuré, par des télégrammes d'amont, que le vent n'était pas près de finir, et par des télégrammes d'aval qu'il continuait à régner en Angleterre.

A l'aide de ces préceptes, on pourrait facilement organiser un service en quelques sorte régulier pour le passage de France en Angleterre. Bien entendu, il faudrait, pour le retour, adopter une station convenable sur la côte anglaise et l'établir en un lieu d'où l'on pourrait atteindre la France, en profitant des vents généraux régnant dans la belle saison pendant laquelle auraient lieu les opérations aérostatiques.

Dans le cas où l'aéronaute perdrait son vent, il aurait la ressource d'utiliser les contres-courants, qui pourraient régner dans la haute atmosphère et de regagner ainsi la direction désirée. Il lui resterait encore la chance d'être recueilli à bord des navires passant en vue de son ballon, chance qui peut équivaloir à une certitude dans des parages fréquentés par des milliers de vaisseaux, s'il avait de plus les ressources nécessaires pour se maintenir pendant plusieurs jours consécutifs à la surface des flots. . . . .

Imprimerie du *Spectateur militaire*.
Paris. — H. Noiriot, imprimeur, 22, rue de l'Abbaye.

LES AGRÈS DU « TORPILLEUR »

A Réservoir.	*D* Seau.
B Flotteur.	*E* Couronne en liège.
C Hélice.	*F* Vergue de [illegible]

www.ingramcontent.com/pod-product-compliance
Lightning Source LLC
LaVergne TN
LVHW052022160826
845678LV00003B/1173

* 9 7 8 2 3 2 9 6 4 7 9 7 5 *